DES
INDIGESTIONS GAZEUSES

DU CHEVAL

ET DE L'EFFICACITÉ DE

LA PONCTION DU CŒCUM COMME MOYEN CURATIF

Mémoire lu à la Société impériale et centrale d'Agriculture (Séance du 1er décembre 1858)

PAR P. CHARLIER

MÉDECIN-VÉTÉRINAIRE DE LA COMPAGNIE IMPÉRIALE DES VOITURES DE PARIS, AUTEUR DE LA CASTRATION DES VACHES
ET DES JUMENTS PAR LE PROCÉDÉ VAGINAL,
MEMBRE TITULAIRE DE L'ACADÉMIE IMPÉRIALE ET CENTRALE DE MÉDECINE VÉTÉRINAIRE.

Prix : 50 Centimes

PARIS

NOUVELLE LIBRAIRIE AGRICOLE ET HORTICOLE

J. LOUVIER

25, QUAI DES GRANDS-AUGUSTINS

1859

DES

INDIGESTIONS GAZEUSES

DU CHEVAL

Et de l'efficacité de

LA PONCTION DU CŒCUM COMME MOYEN CURATIF

MÉMOIRE LU A LA SOCIÉTÉ IMPÉRIALE ET CENTRALE D'AGRICULTURE

(Séance du 1er décembre 1858)

PAR P. CHARLIER

Médecin-vétérinaire de la Compagnie impériale des voitures de Paris, auteur de *la Castration des vaches et des juments par le procédé vaginal*, Membre titulaire de l'Académie impériale et centrale de médecine vétérinaire.

CONSIDÉRATIONS GÉNÉRALES ET EXPOSÉ SOMMAIRE DES FAITS.

Il est des personnes qui craignent de vulgariser la science médicale, sous prétexte que sa connaissance n'est pas seulement nuisible aux hommes de l'art, mais aux malades eux-mêmes.

Je ne suis pas de cet avis : je crois, au contraire, qu'il est souvent utile à l'homme étranger à la pratique de la médecine d'en connaître les principes élémentaires pour les appliquer dans les *cas pressés*, quand on ne peut se procurer le médecin ou le vétérinaire, qui, le plus souvent, est absent de chez lui ou réside à une grande distance de l'endroit où l'on réclame ses soins.

L'homme instruit peut alors sauver le malade ou lui procurer tout au moins quelque soulagement, tandis que l'ignorant le laisse souffrir, quand il n'aggrave pas le mal par l'emploi de moyens contraires à une bonne médication.

Je crois aussi que plus l'homme connaît les ressources de la médecine, plus il a de confiance dans le médecin; plus souvent et plus tôt il l'appelle, moins il se laisse prendre aux grossièretés du charlatanisme.

Depuis que j'exerce la médecine vétérinaire, j'ai été nombre de fois témoin de l'extrême embarras qu'éprouvent les habitants des campagnes quand des membres de leur famille, ou leurs animaux, sont sous le coup d'accidents imprévus, ou subitement affectés de ces maladies foudroyantes qui laissent tout juste le temps d'avoir recours à son voisin ou au maréchal de l'endroit.

En médecine vétérinaire, les coliques du cheval et les indigestions sont du nombre de ces redoutables affections si promptes à se développer, et ce sont, sans contredit, les plus *fréquentes*, celles qu'il est le *plus opportun* de combattre dès leur début, par un traitement approprié pour en triompher.

La nécessité de soigner soi-même les animaux malades, dans les cas précédents, ou du moins en attendant l'arrivée du vétérinaire, a depuis longtemps déjà porté les cultivateurs à user d'une foule de remèdes ; mais ceux-ci, pour la plupart fruit de l'ignorance ou d'une routine aveugle, sont *inefficaces* ou *incendiaires*, et chaque jour des animaux succombent malgré ces remèdes ou par l'effet pernicieux qu'ils produisent.

Il est donc utile d'éclairer les possesseurs de chevaux sur ces sortes d'affections et sur le traitement à y opposer.

Persuadés de cette vérité, nos plus grands maîtres dans la science vétérinaire, Chabert, Huzard, Yvard, Renauld, Delafond, H. Bouley, etc., ont déjà publié, sur les maladies qui nous occupent, des monographies, des articles spéciaux mis à la portée des cultivateurs. J'ai moi même publié, il y a quelques années, sous le titre d'*Instructions sur les coliques du cheval et les météorisations des ruminants*, une brochure que j'ai distribuée dans toutes les communes où j'étais appelé à exercer mon art. C'est pour compléter ce travail, dans lequel il n'est pas question de la *ponction du cœcum* chez le cheval, opération fort redoutée alors et encore considérée comme très-délicate, que j'ai l'honneur de présenter à la Société impériale et centrale d'agriculture ce mémoire sur l'efficacité et la facilité de l'opération telle que je la pratique, et sur sa parfaite innocuité dans le cas d'indigestion avec météorisation.

Placé aujourd'hui dans des conditions que je pourrais appeler exceptionnelles, à cause du nombre considérable de chevaux malades que je vois tous les jours, j'ai pu expérimenter plus que qui que ce soit la *ponction du cœcum*, et c'est fort de plus de *cinquante faits heureux*, produits dans l'espace de quelques mois, tant entre mes mains qu'entre celles de nos *piqueurs* et des chefs de dépôt qui ont pratiqué la *ponction* d'après mes instructions, que je viens recommander cette opération.

La *ponction du cœcum* n'est pas une opération nouvelle. Notre illustre maître, Bourgelat, l'a enseignée à ses élèves ; Chabert et Grognier l'ont préconisée ; d'autres professeurs et plusieurs vétérinaires l'ont pratiquée avec succès. Mais elle ne s'est pas généralisée, à cause, sans doute, des accidents survenus qui, à tort ou à raison, lui auront été imputés : il faut si peu de chose pour paralyser la bonne volonté des plus hardis en fait d'opérations ! Hurtel d'Arboval, Vatel et la plupart des auteurs modernes vont même jusqu'à la considérer comme périlleuse ; ils conseillent de ne l'employer qu'en désespoir de cause, c'est-à-dire lorsqu'aucun remède ne peut plus procurer la guérison, et que l'opération est rendue inutile par des désordres qu'aucune puissance humaine ne peut réparer.

J'en étais, comme tous mes confrères, à ne pas oser employer le *trois-quarts* chez le cheval, pour combattre l'indigestion gazeuse ; j'usais des moyens ordinaires, et s'ils ne suffisaient pas, je laissais mourir mes malades plutôt que de tenter une opération que l'on m'avait appris à regarder comme dangereuse et inutile, lorsqu'au mois de janvier dernier, un collègue que j'avais vu dans mes voyages et dont la savante pratique m'était connue, M. Aubry de Saint-Servan, nous communiqua, par la voie du *Recueil de médecine vétérinaire*, trois observations dans lesquelles la *ponction du cæcum* a parfaitement réussi.

Je résolus alors d'essayer cette opération à la première occasion, me promettant, dès que je verrais le ventre ballonné, de la mettre en pratique sans médication préalable, afin de juger moi-même de son efficacité à prévenir la paralysie des organes digestifs, l'asphyxie ou la déchirure de l'intestin, de l'estomac ou du diaphragme, terminaisons malheureusement trop fréquentes des indigestions avec météorisation.

L'occasion ne se fit pas longtemps attendre. Rien n'est plus commun en effet que ces sortes d'indigestions chez nos chevaux faisant le *service des voitures de place dans Paris*. Exposés à toutes les intempéries, souvent surmenés et forcés de courir immédiatement après avoir bu et mangé, ou mangeant gloutonnement parce qu'on les a laissés longtemps à jeun, leur digestion se fait mal ou pas du tout ; les aliments non digérés se gonflent, fermentent dans le tube digestif ; des gaz s'y développent en abondance, et la météorisation survient.

Au commencement de février, on vint me chercher en toute hâte pour un cheval de réforme fortement ballonné, près de tomber asphyxié, et que chacun regardait comme perdu : sa respiration était haletante et plaintive ; ses naseaux largement dilatés ; son ventre distendu outre mesure ; il avait la tête basse et le cou tendu ; le pouls presque insensible et les extrémités froides. Je n'eus que le temps de courir chercher un *trois-quarts* pendant qu'on soutenait l'animal : je plongeai l'instrument (armé de sa tubulure au milieu du flanc droit, sans aucune précaution, sans incision préalable, sans couper même les poils, et dès que le *cæcum* fut perforé, le trois-quarts retiré de sa canule laissée dans la plaie, les gaz s'échappèrent, le flanc s'affaissa peu à peu, la respiration se régularisa, l'animal, étonné, releva la tête et expulsa bientôt une abondante quantité d'excréments, mélangés d'aliments mal digérés. Quelques heures après, il avait recouvré sa gaîté, cherchait à manger et ne présentait plus aucun symptôme d'indigestion.

Ce beau succès était dû, à n'en pas douter, à l'opération ; mais il avait peut-être une autre cause encore : c'est que, dans ma précipitation à me procurer l'instrument, et n'ayant à ma disposition que deux *trois-quarts* de dimensions extrêmes, l'un *très-gros* et *très-grand*, celui que d'habitude on emploie pour les bœufs ; l'autre, *très-petit* et court, qui est, je crois, le *trois-quarts* explorateur de nos écoles , je donnai la préférence à ce dernier, qui, n'étant pas plus gros qu'un fétu de paille, fit une toute petite ouverture, suffisante pour laisser échapper les gaz au moyen de la canule, mais non assez grande pour permettre, après l'enlèvement de celle-ci, l'échappement de parcelles alimentaires ou de liquides, ni pour laisser pénétrer l'air extérieur, et pour déterminer l'inflammation *phlegmoneuse* ou la *péritonite*, qu'on a à redouter par l'emploi d'un gros *trois-quarts*.

L'ouverture, facilement faite par ce petit instrument, n'est pas plus grande qu'une piqûre de *sangsue ;* elle se cicatrise presque toujours par adhésion primitive, et on n'a besoin pour la pratiquer que de couper le poil ras et en débarrasser la peau, si on en a le temps , sans jamais inciser celle-ci préalablement avec le *bistouri*, comme on est forcé de le faire pour ponctionner avec le gros ou le moyen *trois-quarts*, ce qui cause de la douleur et met le tissu cellulaire en contact avec l'air, avec les liquides et les parcelles alimentaires qui s'échappent de l'*intestin*, détermine de l'*inflammation*, des *abcès* ou des *fistules*.

Après ce premier fait, il s'écoula un certain laps de temps sans que j'eusse occasion de tenter de nouveau la ponction du cœcum ; j'eus bien des indigestions à traiter, mais elles n'étaient pas compliquées de météorisme, ou celui-ci était trop peu important pour que j'eusse besoin de recourir à ce moyen. Nous perdîmes aussi quelques chevaux d'indigestion avec météorisation, asphyxie ou rupture, sans qu'il m'eût été possible de les voir, et auxquels les piqueurs ne purent porter un secours efficace, ne connaissant pas encore l'opération, et n'ayant pas de *trois-quarts* à leur disposition.

A dater des premiers jours de mai, il n'en fut plus de même. L'administration, dans un but économique, ayant changé le régime des chevaux et remplacé, dans plusieurs dépôts de ma circonscription, une forte partie d'avoine par de l'orge écrasée et des féveroles concassées, données avec de l'avoine entière, sans addition de foin haché, les indigestions gazeuses se multiplièrent en si grand nombre et furent si graves, que je dus non-seulement employer moi-même le *trois-quarts*, mais initier à l'opération nos piqueurs et les chefs de dépôt, leur procurer à chacun un instrument, et les engager à s'en servir avant même de m'envoyer chercher, pour éviter un retard toujours préjudiciable.

Ainsi, les 10 et 29 mai, je pratiquai, au dépôt de *Campagne première*, la ponction du *cœcum* sur deux chevaux qui avaient éprouvé pendant le travail de violentes coliques, et qui étaient rentrés au dépôt avec le ventre ballonné outre mesure et dans un état voisin de l'asphyxie. En attendant mon arrivée, le piqueur avait en vain administré de l'*élixir calmant*, des breuvages *éthérés*, donné des *lavements*, etc. ; l'état des animaux allait toujours en s'aggravant, quand la petite ouverture que je fis avec le *trois-quarts*, en donnant issue aux gaz, enleva le mal comme par enchantement.

Le 2 juin, M. Hardoin, piqueur au même dépôt, pratiqua à son tour la *ponction* avec succès en mon absence ; puis les 17, 23, 24, 27, 28 et 30 du même mois ; les 1er, 2 et 31 juillet ; les 7, 8, 9 et 23 août ; les 19 et 23 septembre et le 13 octobre, M. Hardoin et moi nous dûmes pratiquer la ponction cœcale sur des chevaux affectés d'indigestions gazeuses très-graves, bien qu'on n'ait pas continué de donner l'orge, les féveroles et l'avoine seules, sans doute parce que ces deux premiers grains donnés isolement sont réellement indigestes pour le cheval dans nos contrées.

Les 20 et 26 juin, les 12 et 18 juillet, le 18 octobre, cinq chevaux furent aussi ponctionnés au dépôt *Vauban*, les deux premiers par moi, et les autres par M. Flament, piqueur, et M. Guibaudet, chef de dépôt.

Au dépôt de Pigalle, le 20 juin , MM. Chevalier, chef du dépôt, et Chamberlin, piqueur, ne se rappelant pas quel était le côté du flanc où il fallait opérer, ponctionnèrent le flanc gauche, ne tombèrent pas de suite sur l'intestin, qui est *flottant* de ce côté, et durent, pour arriver à le perforer, faire trois piqûres successives. Le cheval fut sauvé ; mais à l'endroit des piqûres il se développa un abcès que j'ouvris ; il n'eut d'autres suites fâcheuses que la prolongation de la convalescence.

Dépôt des Batignolles. — Le 25 juillet, ponction faite par M. Wangelin, directeur de ce dépôt, à un cheval *fourbu* qui s'était fortement météorisé pendant son séjour à l'écurie. — 31 juillet, ponction faite par moi sur un cheval *ticqueur*, affecté d'indigestion avec météorisme, et qui fut remis au travail dès le lendemain. — 5 août, ponction opérée par M. Ory, chef infirmier. — 17 août, deux ponctions successives faites par le même, à trois heures d'intervalle sur un cheval qui, après avoir dégonflé, regonfla fortement. — 18 août, 16 et 21 septembre ; 6, 7 et 11 octobre ; 19 novembre, ponctions par le même avec un égal succès.

Dépôt de la Révolte. — 20 août, ponction par M. Boule, piqueur, qui ne voyant pas dégonfler suffisamment le cheval, laissa la *canule* du *trois-quarts* pendant vingt-quatre heures, sans qu'il en soit résulté rien de fâcheux.

Dépôt de Grenelle. — Trois ponctions faites successivement sur le même cheval à quelques heures d'intervalle, par M. Masbou, piqueur. A la suite de ces trois piqûres, une tuméfaction inflammatoire se manifesta, mais sans formation d'abcès.

D'autres faits encore se sont produits dans mes dépôts sur des chevaux qui n'étaient pas de ma division et qui y furent amenés, parce qu'ils ne pouvaient retourner à leur destination. Il s'en produisit aussi dans les dépôts de la circonscription de mon confrère, M. Thiébault ; mais je n'en sais ni le nombre exact, ni les dates, n'ayant pas cru nécessaire de pousser plus loin mes investigations.

De tous ces faits il résulte évidemment que la ponction du *cœcum* chez le cheval, faite avec un *petit trois-quarts* n'est pas une opération plus dangereuse que la ponction du rumen chez le bœuf ou la vache ; qu'elle peut être faite par des hommes étrangers à l'art vétérinaire, et qu'on peut impunément la pratiquer toutes les fois qu'il y a météorisme, sans avoir à redouter le moindre accident, puisque de simples abcès sont les seules complications qui se soient produites dans tous les cas cités, et seulement sur trois chevaux chez lesquels il y a eu plusieurs ponctions pratiquées au même endroit.

On conçoit qu'il n'en doit pas être autrement.

En effet, la plaie faite par le petit trois-quarts, *sans incision préalable*, est la plaie chirurgicale la plus simple possible ; elle est tout à fait sous-cutanée, à l'abri de l'air, et les trois valvules soulevées par l'instrument employé sont si exiguës, qu'une fois la canule retirée, elles se resserrent au point de ne plus même laisser échapper le gaz.

Le gros trois-quarts au contraire forme trois véritables soupapes, qui se soulevant facilement, peuvent laisser échapper les liquides, et même des parcelles d'aliments de l'intestin dans le sac péritonéal et provoquer par là une péritonite mortelle.

Le tout petit trois-quarts que j'emploie a encore sur le gros un autre avantage que je tiens à faire ressortir : c'est qu'il ne laisse échapper les gaz que *peu à peu, sans impétuosité, sans secousses,* ce qui donne le temps aux organes de reprendre doucement leur place et leur calibre, à la respiration de se régulariser sans brusquerie, à la circulation de reprendre son cours normal, sans danger de réaction capable de déterminer une congestion apoplectique dans les organes essentiels à la vie.

Le gros trois-quarts, en opérant un vide trop brusque dans l'abdomen et la poitrine, provoque la rentrée d'une forte colonne d'air dans les poumons et y détermine une secousse violente qui n'est pas sans danger, à en juger par l'étonnement et la stupéfaction qu'éprouvent les animaux au moment de l'échappement des gaz.

Je suis porté à croire que les cas de mort subite chez le mouton, si fréquents au moment même de la ponction, ont pour cause principale l'emploi d'un trop gros trois-quarts. Je n'ai pas eu occasion de le constater en ponctionnant comparativement avec l'un et l'autre instrument, n'ayant plus de troupeaux à traiter aujourd'hui ; mais je ne saurais trop engager les personnes appelées à soigner les moutons météorisés, à ne plus faire usage que du petit trois-quarts, persuadé qu'elles auront lieu d'en être satisfaites.

Peut-être serait-il bon aussi d'employer de préférence le petit trois-quarts pour la météorisation sans surcharge d'aliments dans l'espèce bovine ; on éviterait les mêmes inconvénients que chez le cheval et le mouton, ainsi que les abcès, les plaies suppurantes ou fistuleuses, résultant de la ponction avec incision, plaies qui sont quelquefois si longtemps à se cicatriser.

Je dois dire néanmoins qu'on a pu employer sans accidents, pour ponctionner le cœcum du cheval, des trois-quarts d'un gros calibre et même un bistouri droit, ou tout autre instrument tranchant, à lame effilée.

Sur quatre ponctions, M. Aubry de Saint-Servan en a fait deux avec un bistouri droit, se servant pour canule de la tige creuse d'un porte-plume en cuivre.

Un fait plus extraordinaire s'est produit sur un cheval de notre armée, pendant la guerre d'Espagne ; je le tiens de M. Barthélemy, témoin oculaire, et veux le rapporter ici :

Au moment d'une marche forcée, un cheval fut tout à coup pris d'indigestion avec météorisme et coliques violentes ; M. Barthélemy prévint le colonel, qui donna l'ordre de s'en débarrasser par un coup de sabre ; cet ordre fut promptement exécuté ; seulement le soldat qui en était chargé, au lieu de plonger la lame de son sabre dans le cœur, l'enfonça maladroitement dans le flanc droit. Les gaz s'échappèrent immédiatement, le ventre s'affaissa, les coliques cessèrent ; le cheval, deux heures après, reprit son rang, et bientôt la plaie fut cicatrisée.

J'ai vu moi-même à Reims la femme d'un cultivateur venant d'ouvrir avec un grand couteau de cuisine mal aiguisé le flanc d'une de ses vaches météorisée, au moment où celle-ci tombait d'asphyxie. Je régularisai la plaie mal faite : je plaçai un tube que je laissai jusqu'au lendemain ; je fis une saignée, un pansement sur la plaie, et au bout de trois semaines la cicatrisation fut complète.

Mais si de semblables faits se sont produits, est-ce à dire qu'ils se renouvelleraient souvent ? je ne le pense pas : M. Barthélemy, malgré le succès dû au fameux coup de sabre, n'a jamais eu l'idée de se servir d'un pareil instrument dans sa clientèle.

Je ne saurais donc trop engager les propriétaires de se pourvoir du petit trois-quarts, dont le prix est peu élevé, 5 fr. 50, et de recourir à son emploi dès que le cas l'exige. Employée à temps, la ponction du cœcum, comme celle du rumen, est inoffensive et réussit toujours.

CAUSES DES INDIGESTIONS GAZEUSES.

Il n'est guère possible de parler des indigestions sans entrer dans quelques considérations sommaires sur les causes qui les font naître. En cette circonstance comme en toute autre, j'ai pour principe qu'il vaut mieux *prévenir* le mal que d'avoir à le guérir, quelle que soit l'efficacité des remèdes qu'on puisse y apporter.

Ces causes, à peu près les mêmes que celles de toutes les indigestions, sont bien connues dans la science, et si ce travail était destiné à des vétérinaires, je n'en parlerais pas ; mais comme je m'adresse à des cultivateurs, à tous ceux qui ont à conduire ou à gouverner.les chevaux, hommes qui, pour la plupart, ignorent ou ne connaissent pas assez ce qui détermine les indigestions, je veux chercher à attirer leur attention sur ce point. L'indigestion gazeuse ne diffère en effet de l'indigestion proprement dite, que par un développement plus ou moins considérable de gaz : c'est toujours une indigestion simple au début, à laquelle vient s'ajouter cette complication, plus tôt ou plus tard, suivant les causes qui déterminent la fermentation.

Je dirai donc que les causes des indigestions sont nombreuses et variées. Peut-il en être autrement ? L'appareil digestif a des fonctions importantes : il est chargé de recevoir les aliments et les boissons, de les élaborer et d'en tirer les matériaux alibiles nécessaires à l'entretien de la vie, au développement de l'individu comme au développement et à l'entretien de ses forces ; aussi, du dérangement de l'un ou de l'autre des organes qui composent ce merveilleux appareil, résulte-t-il de véritables dangers qu'il importe d'éviter.

Depuis les lèvres, qui servent à la préhension des aliments, jusqu'à l'anus, qui en expulse les résidus, une multitude d'organes concourent à la digestion ; ce sont les muscles masticateurs, les dents, la langue, les glandes salivaires, le pharynx, l'œsophage, l'estomac, l'intestin grêle, le foie, la rate, le pancréas, les ganglions mésentériques, les vaisseaux chylifères, le cœcum, le colon et le rectum.

Chacun de ces organes a une fonction spéciale, mais qui se rattache intimement à celle des autres organes ; s'il ne la remplit pas ou la remplit mal, l'harmonie est détruite et des troubles surviennent dans la digestion.

Je n'en citerai qu'un exemple :

Lorsqu'un cheval a de mauvaises dents ou les muscles masticateurs faibles et malades, qu'il mâche mal les aliments, ceux-ci passent dans le tube intestinal sans être digérés, sans rien fournir à la nutrition, ou bien mal imprégnés de salive, de sucs gastriques ; ils ne se chymifient pas, s'accumulent dans l'estomac ou les intestins, s'y mélangent aux boissons et aux fluides intestinaux, se gonflent, se décomposent, fermentent comme dans un vase inerte, et donnent naissance à un développement plus ou moins considérable de gaz méphitiques.

La difficulté de la mastication, quelle qu'en soit l'origine, est donc une des causes de l'indigestion gazeuse. Vient ensuite l'ingestion d'une trop grande quantité d'aliments ou tout simplement d'aliments mangés trop gloutonnement, et partant mal broyés, ce qui arrive quand les chevaux sont gourmands ou poussés par la faim. Dans le premier cas, l'indigestion est, comme nous le disons en médecine vétérinaire, avec surcharge d'aliments, et alors elle est toujours très-grave. Dans le second cas, l'indigestion est simple et le résultat de la fermentation des aliments, mais elle peut être également mortelle.

Nous citerons encore parmi les causes d'indigestion, les fourrages verts mangés à satiété, ou chargés d'humidité, de gelée blanche, ainsi que ceux déjà en fermentation ;

Les grains et les fourrages nouveaux qui n'ont pas, comme on dit vulgairement, jeté leur feu et fermentent dans le tube digestif ;

Les aliments indigestes, comme l'orge concassée ou écrasée, donnée sans être mélangée au foin ou à la paille hachée, les farineux, les aliments trop durs ou avariés, etc. ;

L'atonie des organes digestifs déterminée par un état maladif, ou par les fatigues excessives qui affaiblissent toute l'économie, la constipation ; les pelotes stercorales qui obstruent le canal alimentaire ;

Les boissons froides et crues, quand le cheval a chaud, celles données en trop grande abondance immédiatement après le repas.

A propos des boissons, je ferai remarquer qu'il n'est pas étonnant qu'une trop forte quantité d'eau donnée d'un seul coup, aussitôt que le cheval a mangé, détermine des indigestions. L'estomac de cet animal est d'une très-petite capacité relativement à sa taille : vide, il peut à peine contenir un seau d'eau ; plein, il en contient bien moins encore. Cet organe paraît n'avoir pour fonction que de commencer la digestion, qui s'achève dans le canal intestinal, long et volumineux.

Dans le *cæcum* il se fait même une espèce de digestion qu'on peut appeler digestion cœcale ; mais pour que cette seconde digestion s'opère, il faut que la première, celle de l'estomac, ait eu lieu, c'est-à-dire que les aliments soient déjà chymifiés, ce qui n'est pas possible quand l'eau les entraîne dans les intestins, immédiatement après leur ingestion : entraînement d'autant plus facile que l'ouverture du pylore, chez le cheval, est large, en forme d'entonnoir et toujours béante.

A l'autopsie des chevaux qui meurent de ces sortes d'indigestions, le plus souvent on trouve l'estomac vide ou presque vide, et les intestins remplis de liquides dans lesquels nagent les grains non digérés.

Chez le bœuf comme chez tous les autres ruminants, la disposition de l'estomac n'est pas la même ; cet organe est vaste et divisé, comme on le sait, en quatre compartiments distincts. La digestion est toute stomacale : les ali ments, accumulés d'abord dans le rumen, remontent dans la bouche pour y être complétement broyés ; puis passent dans le réseau et le feuillet, où ils sont *miligés*, *pressurés*, *élaborés*, et n'arrivent dans la caillette ou estomac proprement dit que sous forme d'une bouillie semblable à de l'oseille cuite, ce qui rend leur chymification des plus faciles. Aussi les indigestions intestinales chez ces animaux sont-elles rares, tandis que celles du rumen, du réseau et du feuillet sont fréquentes.

De là ressort l'indication de ne donner à boire aux chevaux que peu à la fois et autant que possible *avant* l'avoine, comme aussi de leur donner de petites rations souvent répétées, au lieu de leur bourrer l'estomac par une masse d'aliments qu'ils ne digèrent que difficilement ou même pas du tout.

A toutes ces causes, qu'on peut considérer comme causes directes et prédisposantes de l'indigestion gazeuse, il faut ajouter celles qu'on appelle déterminantes ; ce sont :

1° Les courses forcéés quand l'animal vient de boire ou de manger, lesquelles portent le sang aux poumons, aux extrémités, à la périphérie du corps, au détriment des organes digestifs, dont les forces sont ainsi suspendues et amènent des indigestions, avec symptômes de congestion pulmonaires, ou des fourbures ;

2° Les courses faites sans ménagements pendant les chaleurs excessives, qui nuisent à l'hématose, prédisposent à l'asphyxie, amènent l'énervation, la suspension de la digestion, par suite la fermentation des aliments ingérés dans l'estomac et le tube intestinal, le dégagement de gaz, et le ballonnement du ventre ;

3° Les refroidissements brusques ou ceux même venus lentement.

Cette cause agit en sens inverse de celles qui précèdent ; en faisant refluer le sang vers les organes digestifs, elle y détermine des congestions, des inflammations qui suspendent ou arrêtent complétement la digestion.

Dans ce cas, à l'autopsie des animaux qui succombent, outre les gaz qui s'échappent en abondance, la masse d'aliments mal digérés et de grains entiers trouvés dans l'estomac ou les intestins, on rencontre des traces de congestion, d'inflammation, d'apoplexie intestinale.

4° Enfin les mauvais traitements, une blessure grave, la peur, en arrêtant subitement les fonctions digestives, peuvent déterminer l'indigestion gazeuse.

SYMPTOMES.

Lorsqu'un cheval commence à être affecté d'indigestion : à l'écurie, il cesse de manger et semble éprouver du dégoût pour toute espèce d'aliment et de boisson ; il porte la tête basse, immobile, ou la relève par saсcades, pour la jeter brusquement de droite et de gauche ; dehors, il devient tout à coup lourd au travail ou marche avec plus de précipitation que d'habitude, s'arrête, gratte des pieds, a des contorsions, cherche à se coucher, et ne consent à continuer sa course qu'excité fortement par la voix et les coups de fouet.

Un peu plus loin il s'arrête de nouveau, fait entendre une espèce de gémissement, de plainte, regarde son ventre, le frappe avec les pieds, baisse la tête, piétine plus fortement et veut se coucher, en dépit de tout. Alors, si son conducteur est prudent, il le dételle, le ramène doucement à l'écurie, pour lui donner les soins que réclame son état. Mais trop souvent les choses ne se passent pas ainsi ; nos cochers de place, par exemple, dont beaucoup sont rudes jusqu'à la brutalité, prennent cet état maladif pour de la paresse, du mauvais vouloir, et stimulent encore à coups de fouet le pauvre animal souffrant ; quelquefois aussi ils sont loin du dépôt où leur cheval est logé, ou bien ont un voyageur à conduire à destination et veulent quand même poursuivre leur route.

Bientôt le mal s'aggrave, les coliques deviennent plus violentes, et cette fois il faut bien s'arrêter, n'importe où l'on est. Le cheval est tout haletant, couvert de sueur ; il se couche, se roule, se débat, se relève ; sa respiration est laborieuse, entrecoupée, plaintive ; son ventre est ballonné, ses naseaux sont largement dilatés, les ailes du nez sont très agitées. Plus tard, il ne se soutient plus qu'avec peine ; il écarte les membres pour se donner plus d'aplomb, ou bien s'appuie contre l'un des brancards ou le timon, s'il est encore attelé ; contre le mur ou la mangeoire, s'il est à l'écurie.

S'il se couche à ce moment, il le fait avec le plus de précaution possible, comme s'il pressentait un danger dans l'accomplissement de cette action. Souvent il se campe et fait de vains efforts pour fienter, pour uriner ; il éprouve des envies de vomir manifestées par l'allongement du cou et de la tête, des mouvements de gorge, des rots, accompagnés de gaz acéteux, quelquefois même de liquides mélangés de parcelles alimentaires s'échappant par le nez et la bouche ; celle-ci est chaude et laisse tomber une bave écumeuse ou filante.

Le ballonnement du ventre augmente alors avec une rapidité vraiment effrayante ; des bruits sonores retentissent dans les intestins ; le flanc droit s'élève, résonne quand on le frappe ; l'animal, triste et abattu, est insensible à tout ce qui l'environne, à tout ce qu'on lui fait, excepté si l'on veut lui donner des breuvages, qu'il repousse avec toute l'énergie dont il est encore capable.

Souvent l'anus, repoussé par les intestins, sort au dehors et forme une tumeur molle qui soulève la queue ; la peau se couvre d'une sueur froide, les extrémités se glacent, le pouls s'efface, l'air peut à peine pénétrer dans les voies respiratoires, le sang ne circule que difficilement dans les vaisseaux, l'asphyxie devient imminente ; le malade chancelle, puis tombe lourdement.

Quelquefois il se relève ou s'assied sur son derrière à la manière d'un chien et paraît soulagé ; mais ce mieux est trompeur ; il est le résultat d'une déchirure de l'estomac, de l'intestin ou du diaphragme opérée pendant la chute, et qui, en permettant au gaz de se déplacer, procure ce soulagement momentané.

Un moment après, l'animal succombe, soit dans l'état comateux qui ne l'a plus quitté, soit à la suite d'un renouvellement d'atroces douleurs. Cela dépend de son irritabilité et de son énergie vitale.

TRAITEMENT DE L'INDIGESTION GAZEUSE.

En première ligne se place, comme je l'ai déjà dit, la *ponction du cœcum ;* mais cette opération salutaire ne doit pas être employée seule, elle doit être précédée, quand on en a le temps, et toujours suivie d'autres moyens thérapeutiques

Ainsi, lorsqu'on s'aperçoit qu'un cheval commence à être affecté d'indigestion, mais que son ventre est à peine ballonné, la ponction cœcale n'est pas nécessaire, elle serait à peu près inutile. Dans ce cas, si le cheval est attelé, il faut le dételer, le reconduire doucement à son écurie si elle n'est pas éloignée, sinon dans une écurie plus voisine. On le bouchonnera vigoureusement, on le frictionnera même avec de l'essence de térébenthine ; on le couvrira s'il fait froid ; on extraira du rectum, avec la main enduite d'huile, de beurre ou de saindoux, les matières excrémentitielles, s'il y en a d'accumulées, en ayant soin toutefois de le faire avec précaution pour ne pas crever les intestins ; on lui administrera avec la même précaution des lavements d'eau savonneuse ou d'eau de son, rendus stimulants par une petite poignée de sel de cuisine ; on lui donnera des breuvages excitants, comme du café à l'eau, une infusion de thé, de menthe, de l'eau sucrée chaude mélangée d'eau-de-vie ou de vin ; de l'eau froide éthérée à la dose de 20 à 30 grammes d'éther pour un demi-litre d'eau, de l'élixir calmant, de l'eau de mélisse, et enfin de l'ammoniaque, à la dose de 15 à 30 grammes, donnée en une seule fois et réitérée au besoin, dans de l'eau froide, qu'il faut avoir soin de bien agiter tout en faisant boire, pour que le mélange soit complet et que l'ammoniaque ne cautérise pas la muqueuse de la bouche.

L'administration des boissons déterminant parfois de violentes convulsions, il faudra ne les donner qu'à la dose d'un demi-litre à la fois.

On promènera le cheval, mais au pas, et non au trot ou au galop, comme on le fait souvent dans les campagnes.

On le rentrera de nouveau à l'écurie, le tenant éloigné des autres chevaux ; on l'empêchera autant que possible de se coucher, de se livrer à des mouvements désordonnés ; on lui préparera une épaisse litière pour éviter

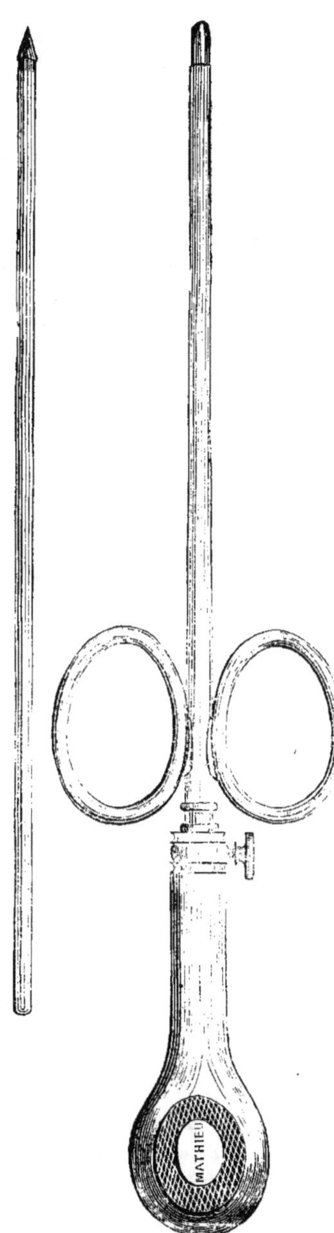

Fig. 1. — Nouveau trois-quarts.

qu'il se blesse, si les douleurs le forcent de tomber ; ne le tourmentant point lorsque, couché, il reste tranquille ; réitérant les lavements, les breuvages, mais toujours à petite dose, pour éviter d'augmenter la plénitude de l'estomac et des intestins.

Enfin, si les douleurs sont vives, le pouls fort, et que l'animal ait chaud, il peut être très-utile de lui faire une saignée proportionnée à sa taille, à son tempérament, à sa constitution ; s'il a froid, au contraire, et se trouve dans un état comateux, avec prostration de forces, au lieu de surexcitation, il faut bien se garder de le saigner : la saignée, dans ce cas, tuerait le malade plutôt que de le soulager.

Mais à ce degré de l'indigestion, souvent même plus tôt, malgré tous les moyens employés, le météorisme du ventre commence à être manifeste ; le flanc droit se soulève, domine bientôt la colonne vertébrale ; les gaz, développés en abondance, distendent à l'intérieur le tube intestinal et l'estomac, amincissent leurs parois, les paralysent, refoulent et compriment tous les organes de l'abdomen, de la poitrine, de la circulation, et donnent naissance au cortège de symptômes que j'ai signalés.

Il faut alors, sans *hésiter*, sans *balancer*, quel que soit le degré de la maladie, *ponctionner* le cœcum pour donner une issue artificielle aux gaz, qui, ne pouvant s'échapper par les voies naturelles, ne tarderaient pas à déterminer l'asphyxie ou une déchirure quelconque, et partant la mort de l'animal.

Voici comment je procède à cette opération. Mais avant d'indiquer la manière d'opérer, je crois devoir décrire l'instrument que j'emploie, lequel n'est pas exactement un *trois-quarts* ordinaire. Je dois sa confection à M. *Mathieu* (1), habile fabricant, bien connu dans la chirurgie humaine et vétérinaire.

Ce petit *trois-quarts* (fig. 1), long en tout de 16 à 17 centimètres, est à manche plat, renflé à son extrémité pour pouvoir être mis dans une trousse ; la tige ou poinçon, au lieu d'être fixée à demeure au manche, peut, au moyen d'une vis latérale adaptée à celui-ci, être placée, soit la pointe en avant pour l'action, soit dans le manche pendant le repos, pour qu'elle ne s'émousse point. Le tube, gros comme un chalumeau de paille seulement, et long de 10 centimètres, est pourvu à sa base de deux anneaux latéraux oblongs, assez grands pour y introduire facilement les doigts. Ces anneaux aident beaucoup à enfoncer l'instrument, et sont très-utiles pour tenir le tube en place pendant la sortie des gaz, de même que pour le retirer.

Point d'élection. Je choisis pour point d'élection *au flanc droit*, le milieu du triangle formé par les apophyses transverses des vertèbres lombaires, la dernière côte asternale et l'os qui forme la pointe de la hanche, marqué par *l'épi de poils remontants* qui correspond à la base du cœcum (2).

Je coupe ras une partie de ces poils avec des ciseaux courbes, sur une largeur du 3 à 4 centimètres, en avant de la ligne médiane de cet épi, à quatre travers de doigts de son sommet, et j'en débarrasse la peau (fig. 2).

Je prends le trois-quarts, que je tiens dans la main droite, l'index allongé sur le tube, le médius passé dans l'un des anneaux, le pouce allongé sur l'autre, le manche appuyé contre la paume de la main ; me place sur le côté de l'animal, le dos tourné vers la tête, le fais soutenir s'il menace de tomber, prends un point d'appui avec les doigts de la main gauche sur le lieu d'élection et plonge hardiment l'instrument dans le flanc, sans *incision préalable*, le faisant traverser d'un seul coup la peau, les muscles, la paroi cœcale, et pénétrer jusqu'aux anneaux.

Tenant ensuite le tube de la main gauche à l'aide du pouce et de l'index passés dans les anneaux, je retire avec la main droite le poinçon de l'instrument pour laisser échapper les gaz, ayant la précaution de faire suivre au tube, maintenu en place, le mouvement descendant de la peau jusqu'à l'affaissement complet du flanc, effet qui se produit au bout de quelques minutes.

J'incline le tube d'arrière en avant pour qu'en se rapprochant de la masse alimentaire, il ne s'obstrue point ; enfin, je le débouche avec le poinçon, dont la pointe est préalablement replacée dans le manche, si, malgré les précautions prises, il vient à s'obstruer.

---

(1) Rue de l'Ancienne-Comédie, 28.

(2) On sait que le cœcum est une partie renflée du tube intestinal située et fixée par sa base dans le flanc droit ; l'intestin grêle vient y aboutir et l'intestin colon y prend son origine.

Après l'échappement des gaz, je retire le tube avec l'index et le médius de la main droite passés dans les anneaux, appuyant sur la peau au pourtour avec les doigts de la main gauche, pour opposer une résistance.

J'appuie quelque peu sur la piqûre avec la pulpe des doigts pour rapprocher ses bords, qui se resserrent immédiatement, et l'abandonne à elle-même sans m'en occuper davantage. Nous avons vu qu'elle se cicatrise presque toujours par première intention (1).

L'animal débarrassé éprouve immédiatement un bien-être facile à constater ; on l'entend faire une bonne et profonde inspiration ; il relève la tête,

Fig. 2. — Indication du point d'élection pour la ponction.

perd sa tristesse, devient plus libre dans ses mouvements, urine quelquefois et souvent expulse une énorme quantité d'excréments plus ou moins' liquides, mélangés de parcelles alimentaires de grains mal digérés, exhalant une odeur infecte, ou durs et coiffées de pseudo-membranes témoignant une inflammation intestinale antérieure, excréments que le défaut d'action et de contractilité des organes avait jusque là retenus.

S'il n'y a pas de complication à l'indigestion, le cheval alors ne se couche plus que pour se reposer, n'a plus de coliques, respire librement, cherche même quelquefois à manger, et boit volontiers en petite quantité,

---

(1) Après l'opération, pour conserver l'instrument en bon état, il faut avoir soin de bien le laver à l'eau chaude, en prenant la précaution de ne pas émousser la pointe et l'extrémité du tube ; il faut ne le remonter que quand toutes les parties sont bien essuyées et bien sèches après avoir enduit la tige de suif ou de graisse.

ce qui ne peut lui être nuisible; seulement je recommande de donner de préférence de l'eau blanche. Pour le manger, il n'en est pas de même : il est de toute nécessité de laisser reposer l'estomac et les intestins, après l'excès de fatigue et d'irritation qu'ils viennent d'éprouver.

Quelquefois après l'échappement des gaz, il s'écoule par le tube une certaine quantité de sang. Je n'aime pas cette particularité, bien que j'aie vu des chevaux la présenter sans qu'il en soit rien résulté de fâcheux ; mais le plus souvent elle indique une hémorrhagie intestinale mortelle, complétement étrangère à la ponction.

Soins subséquents. Après la ponction, bien que l'animal soit réellement soulagé, il faut souvent continuer à lui donner des soins, soit pour combattre l'inflammation, ou calmer les douleurs si elles persistent, soit pour favoriser l'évacuation des matières alimentaires en putréfaction, soit pour ranimer les forces digestives, et activer la digestion des aliments, s'il y a surcharge.

Mais ici les lumières du vétérinaire deviennent nécessaire, et si déjà on n'a pas été le chercher, il faut se hâter de le faire, car lui seul peut distinguer si l'indigestion a été la conséquence d'un trouble passager, d'une congestion, d'une inflammation, d'un trop plein d'aliments, d'une pelote stercorale, etc., etc., et quels remèdes il faut continer d'employer.

Ainsi, aux uns il faudra donner des breuvages stimulants pour ranimer les fonctions digestives, aux autres de l'émétique, du sulfate de soude, de l'aloès ; souvent il faudra saigner; quelquefois vider la vessie à l'aide de la sonde, donner des breuvages adoucissants ou calmants, etc.

Le danger n'étant plus imminent, l'homme de l'art peut arriver à temps, et en l'attendant il suffit de continuer les même soins que ceux prescrits avant l'opération.

Soins pendant la convalescence. Pendant les trois ou quatre premiers jours qui suivent l'indigestion simple, alors même que l'animal paraît bien guéri, qu'il a recouvré tout son appétit, repris toutes ses habitudes, on doit prendre les plus grandes précautions pour éviter une rechute ou d'autres accidents consécutifs : il faut le laisser à la diète, au barbotage, puis ne lui rendre ses rations que graduellement, le tenir chaudement s'il fait froid, le promener au pas, le bouchonner, etc. ; quand on le remet au travail, le faire avec précaution pour qu'il ne se fatigue pas.

Tous les chevaux que j'ai cités, à part cinq ou six qui avaient avec l'indigestion une surcharge d'aliments ou une inflammation, ont pu reprendre leur service du quatrième au cinquième jour sans qu'il en soit rien résulté.

FIN.

PARIS — IMPRIMERIE CENTRALE DE NAPOLÉON CHAIX ET C°, RUE BERGÈRE, 20.

MATÉRIEL DE MANUTENTION
POUR LA NOURRITURE ÉCONOMIQUE DES CHEVAUX

CHEZ

PELTIER J^NE

Breveté s. g. d. g.

45, Rue des Marais-Saint-Martin, à Paris

Fournisseur de la Compagnie impériale des Voitures de Paris et de la Compagnie générale des Omnibus de Paris, etc.

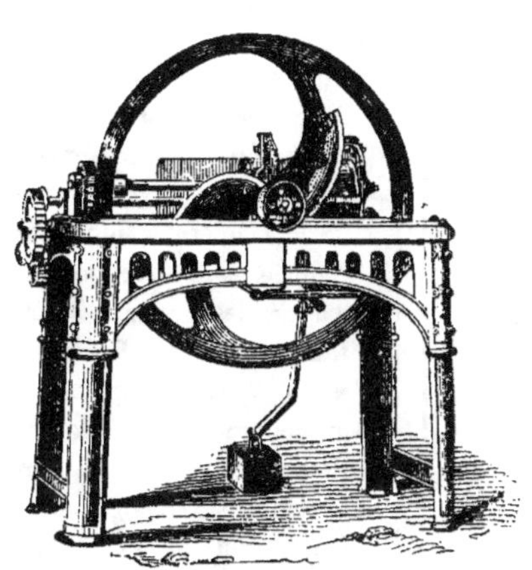

Concasseur-aplatisseur.

Nº 1	Par 1 homme.	1 hectolitre à l'heure		.....	200 fr.
—	Par 1 cheval.	2	—	—	208
Nº 2 bis	Par 1 cheval.	2	—	—	250
Nº 2	Par 2 hommes.	2	—	—	300
—	Par 1 cheval.	4	—	—	350
Nº 3	Par 1 cheval.	7	—	—	500
Nº 4	Par 2 chevaux.	11	—	—	800

Hache-paille.

Nº 0	Par 1 homme.	75 kilog. à l'heure		.....	90 fr.
Nº 1	Par 1 homme.	125	—	—	150
—	Par 1 cheval.	175	—	—	158
Nº 2	Par 1 homme.	150	—	—	240
—	Par 1 cheval.	225	—	—	248
Nº 3	Par 1 cheval.	300	—	—	350
Nº 4	Par 2 chevaux.	500	—	—	500

L'emploi généralement usité aujourd'hui de la nourriture par l'avoine comprimée et du fourrage haché prouve que ce système nouveau donne une économie très-notable.

RATIONS DIVERSES PLUS GÉNÉRALEMENT ADOPTÉES

Chevaux trotteurs.

Avoine comprimée,	7 kil.	»	ou Avoine comprimée,	5 kil.	
Son, ...	0	500	Orge comprimée...	3	
Féveroles	0	500	Foin haché........	4	
Foin haché	2	500	Paille hachée.....	3	
Paille hachée	2	500			
Par jour 13		»	Par jour 15		

Chevaux camionneurs.

Avoine comprimée.	7 kil. 500			
Son...............	1	»	ou aussi	
Féveroles.	0	500		
Foin haché........	3	»	Avoine comprimée.	10 kil.
Paille hachée......	3	»	Foin haché........	5
Par jour........ 15		»	Par jour 15	

Dans l'établissement de machines et instruments d'agriculture de M. PELTIER J^e, on trouve aussi les instruments pour la préparation des aliments concernant les animaux de rente et de boucherie.